未来能源
让世界动起来

探索月球
神秘西强大

神奇地球
蔚蓝的家园

神秘机器人
人工智能和超级好帮手

第一辑·全**10**册

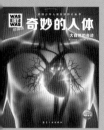
奇妙的人体
大自然的奇迹

深海之谜
生机勃勃的黑暗国度

太空之旅
深入宇宙的探险

走进热带雨林
地球的绿色宝库

第二辑·全**10**册

宇宙中的星体
打开探索宇宙的大门

伟大的发明
天才与灵感的杰作

神奇的火车
呼啸疾驰通向未来

沙漠之旅
探险、绿洲和无尽的远方

第三辑·全**10**册

显微镜探秘
肉眼看不见的微小世界

野生动物
从凶猛捕猎到野性

奇趣萌宠
人类的好朋友

鸟类不简单
天空中的杂技演员

第四辑·全**10**册

神秘的古埃及
尼罗河畔的金色奇国

印第安人
北美原住民

伟大的探险家
跟随他们的脚步，探索全世界

未来世界
一切都在变化之中

第五辑·全**10**册

蛇的故事
拥有敏锐感官的猎手

考古探秘
发掘历史的宝藏

马的生活
人类最亲密的伙伴

舞蹈的魅力
舍拍起舞

第六辑·全**10**册

生物质资源
植物动力引领未来

2023 NEW

石器时代
火的控制与使用

2023 NEW

第七辑·全**8**册

WAS IST WAS

学习源自好奇 科学改变未来

U0182192

鸟类不简单

天空中的杂技演员

[德] 雅丽珊德拉·韦德斯 / 著　张依妮 / 译

航空工业出版社

方便区分出
不同的主题！

真相大搜查

翅膀上也有利爪？鸟的祖先是长这样的。

7

非洲织布鸟大概是筑巢最好看的动物。

16

21

小鸟都是从蛋里孵出来的——这只小鸟不久后就要出壳了！

锡嘴雀冬天继续觅食，而其他一些鸟类会选择迁徙。

30

34

几维鸟不会飞，而且只在夜晚活动。

符号▶代表内容特别有趣！

32

小心相机！观察鸟类其实比专家说的要简单！

37

隼停悬在空中，然后以每小时300多千米的速度俯冲下来攻击猎物。

45

在亚洲，渔民把鸬鹚放入水中，靠它们捕鱼。

重要名词解释！

在第二次世界大战之前，北海的特里申岛还有人类居住。现在，它是德国最古老的鸟类保护区之一，也是石勒苏益格－荷尔斯泰因瓦登海国家公园的一部分。

独自置身于鸟类之中

朱莉娅·贝尔 3 月到达北海的特里申岛时，沙丘仍然被厚厚的冰层覆盖着。她带了十本书、针织工具、吊床、口琴、折叠小船和相机，用一辆手推车，把所有东西都拉到了小屋。小屋建在木桩上，有助于在春天潮汐时保持干燥。屋里有一张双层床、一台冰箱、一个燃气灶、一个柴炉和一张书桌，屋顶上的太阳能电池可以提供电力。作为最先到达这里的人，朱莉娅

劈了柴并点燃了炉子。每面墙上有四扇窗户，可以看到大海、泥滩和沙丘的全景。这里将是她未来七个月的家。

无人岛上的鸟类管理员

朱莉娅·贝尔在德国自然保护联盟 (NABU) 工作，是特里申岛的自然保护者。春天，她的

低地德语中，三趾鹬被称为 "Keen Tied"，是 "没有时间" 的意思，因为它一直到处小跑，以捕获海中的螃蟹。特里申岛上生活着一大群三趾鹬。

一项重要任务是计算冬季过后迁徙回来的候鸟数量：草地鹨、苍头燕雀和鸫科鸟类。这些鸟飞得太高，朱莉娅只能通过它们的叫声进行辨认。

季节不同，鸟类管理员的工作也不同。但有一件事情是每天的惯例：早上7点、中午12点和晚上7点，朱莉娅必须收集一些数据，包括温度、风向、风力强度、降水量和船只数量。她可以通过这些信息了解鸟类的行为和繁殖状况。知道得越多，就越能更好地保护鸟类。

朱莉娅·贝尔在海边长大，成为生态保护志愿者后，她开始学习海洋生物学。她曾在岛上待了很长一段时间，现在在胡苏姆的环境保护所工作。

每周一次的探望：罗韦德尔船长从大陆带来食物和信件。

在海鸥群中

过去，大陆的人们经常来岛上取食鸟蛋。现在，只有在鸟类管理员需要统计它们的巢和蛋的数量时，才偶尔会干扰鸟类繁殖。对于蛎鹬或红脚鹬等敏感的物种，可以进行计数的时间非常紧迫。海鸥则很难计数，所以在五月里，朱莉娅每三天就去一次繁殖地。那里一共有3000个巢，她在其中的80个巢中放入号码，并记下孵出雏鸟的数量。她用特殊的钳子，把带号码的圆环套在雏鸟的脚上。海鸥爸爸妈妈在朱莉娅的头顶上方发出尖锐的叫声，有时甚至会俯冲下来试图威吓。然而，只要朱莉娅把雏鸟放回窝里，海鸥爸爸和海鸥妈妈马上就平静下来了。工作的时候，鸟粪的气味使朱莉娅觉得鼻子发痒。这个味道已经完全融入了她的生活中：夏天，她会来到海边，在大自然中独处。每周会有一艘船来到这里，以提供食物和淡水。但有时天气太差，船只没法过来。于是，朱莉娅好长一段时间都与世隔绝。当然不是完全隔绝，因为她还有手机和互联网。

宣传鸟类保护

朱莉娅不仅要在网络上记录她的观察结果，进行宣传也是一项重要的工作。朱莉娅比任何人都更接近鸟类。夏天，她会盖着毯子，趴在沙滩上，带着相机等待着，直到潮水把斑尾塍鹬、黑腹滨鹬、剑鸻从浅滩赶到岛上，这些鸟儿都很害羞。但现在，即使是繁忙的三趾鹬，都会走近2米。朱莉娅沿着沙滩走，捡拾浮木，给锅炉加柴。秋天，幼鸟孵化后，迁徙的队伍比春天更庞大了。那时候，连续几天都能看见壮观的鸟群从岛上飞过，而朱莉娅·贝尔也即将要离开了。冬天，岛上空无一人，直到来年春天，才会有一个新的鸟类管理员来到这里。

今年有几只白琵鹭会飞了呢？朱莉娅给雏鸟戴上圆环，并准确记录下它们的数量。

这些**奇怪**的
鸟儿是**谁**？

走 鹃

虽然会飞，但它更喜欢走——而且健步如飞：美洲的走鹃每小时能走 30 千米，是美国卡通形象"BB 鸟"的原型。

红背伯劳

红背伯劳长有一道黑色的"眼罩"，看起来像个强盗。但它不会一天内就把猎物一扫而光：它把昆虫甚至小蜥蜴、小老鼠和小鸟叉在灌木刺上储存起来。

虎头海雕

这个会飞的大力士是地球上最大的隼形目鸟类之一。西伯利亚的虎头海雕通常从空中俯冲下来捕食水里的鲑鱼，其中一些虎头海雕可重达 7 千克。

黑鹭

嘿，嘘，你想买东西吗？它的翅膀下看起来好像藏了什么东西。实际上，黑鹭是在遮挡非洲刺眼的阳光，这样它能更好地看清猎物。

天堂鸟

新几内亚是天堂，因为那里有天堂鸟。它的长相也确实漂亮。求偶时，它长长的羽毛就像绽放的烟花一样！

巴布亚企鹅

巴布亚企鹅是水中速度最快的鸟类，游泳时速超过 25 千米。它们生活在南极洲，主要以鱼类和磷虾为食。

采访
始祖鸟

姓名：
始祖鸟

年龄：
大约 1.5 亿岁

爱好：
飞翔和收藏化石

拟椋鸟
这只鸟在放空自己：拟椋鸟在鸣叫时会向前倒挂，在求偶时偶尔也会向前倒挂在树枝上。它生活在哥斯达黎加的雨林中。

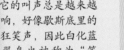

白化蓝翠鸟
它的叫声总是越来越响，好像歇斯底里的狂笑声，因此白化蓝翠鸟也被称为"笑翠鸟"。它属于翠鸟科，是澳洲标志性鸟类之一。

盔䴗
体型小，嘴大：盔䴗有着宝蓝色的喙，能产下粉色的鸟蛋。它们有一部分生活在马达加斯加。

你好，始祖鸟！你比我想象的小多了！

我和乌鸦一般大。嗷！你有什么意见？！

不不不！只是你在科学界引起了巨大的轰动……

我可是科学界鼎鼎大名的生物！1861 年，科学家在德国的采石场发现了我——准确地说，是发现了我的化石，因为我在几百万年前就灭绝了。人们当时只发现了石化的羽毛，一年后又发现了我的骨骼。

石化了的始祖鸟的骨骼和羽毛。

有什么好惊讶的呢？

我为研究人员提供了所谓的"缺失的一环"，也就是恐龙和鸟类之间的联系。在我被发现的两年前，查尔斯·达尔文发表了进化论。我证明了物种的形成并非朝夕之间的事情，而是经过了几百万年的进化。因为我就像恐龙一样，翅膀上有利爪，嘴里有牙齿，还有一条长长的尾巴。

你的名字有什么含义？

意思是"古代羽毛"！因为羽毛是我的独特之处。在我之前出现的恐龙也是有羽毛的，这一点人尽皆知，但是恐龙不会飞！另外，我那个时代还有翼龙，它可是飞翔的好手，却没有羽毛！至今科学家还在研究，我到底是鸟类还是恐龙。但对于我的粉丝们来说，我一直都是鸟的始祖！

带着特殊装备的飞行员

鸟是生物的一种类别：它们用两条腿走路，有翅膀，有一个喙，会下蛋。恐龙的后代和如今的爬行动物都是鸟类的近亲，它们的骨骼构造和鸟类很相似。几千年来，鸟类越来越适应空中的生活。

喙

鸟类的喙可以起到牙齿的作用：上颌骨和下颌骨都覆盖着角蛋白——和指甲相似的角质层。因为喙既可以上下移动，也可以横向移动，所以它们可以把嘴巴张得很大。

耳朵

鸟真的有耳朵吗？当然了，它们的听力特别棒！只是鸟没有外耳郭，耳孔也被羽毛遮住了，所以很难辨认出耳朵到底在哪。

眼睛

眼睛是许多鸟类最重要的感觉器官，因此它们的眼窝很大。我们只能从外面看到小小的晶状体。另外，鸟类能够感知到我们人类看不到的紫外线。

嗉囊

鸟类的食道中有一个囊状的凸起——嗉囊。嗉囊能储存鸟吃的谷类，谷物会在里面泡软，然后变成小颗粒进入胃部。还有一些鸟会把嗉囊当作运输容器，从而把食物带给它们的孩子。比如，鹰会在嗉囊里存着小块猎物，然后携带回巢。

胸

宽阔的胸骨为飞翔所需的肌肉提供了足够大的接触面积。

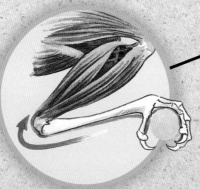

脚趾

大多数鸟类三趾朝前，一趾向后。脚趾的锁扣机关能够防止鸟儿在睡觉时从树上摔下去：在它们停栖的时候，脚腕会折起来，关节的肌腱则会自动绷紧。鸟不费吹灰之力，就能将爪子扣紧，站在电缆上。

腿

从解剖学上看，腿与脚掌的形态因种而异，大多数鸟的腿都是裸露的。

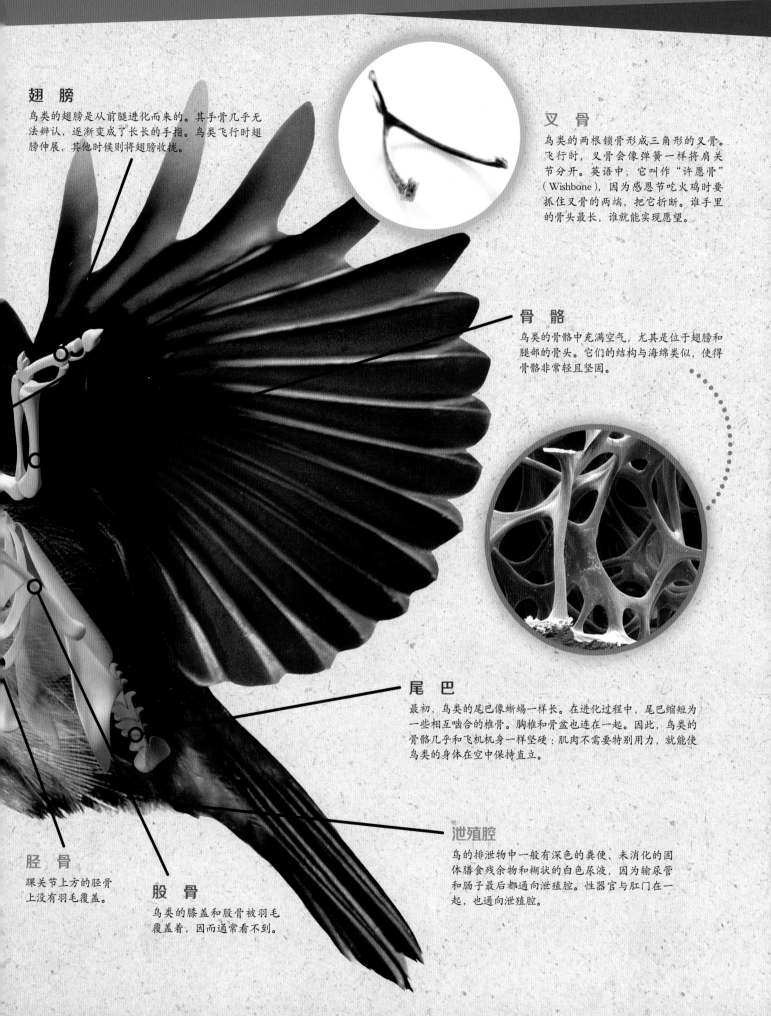

翅膀

鸟类的翅膀是从前腿进化而来的。其手骨几乎无法辨认，逐渐变成了长长的手指。鸟类飞行时翅膀伸展，其他时候则将翅膀收拢。

叉骨

鸟类的两根锁骨形成三角形的叉骨。飞行时，叉骨会像弹簧一样将肩关节分开。英语中，它叫作"许愿骨"（Wishbone），因为感恩节吃火鸡时要抓住叉骨的两端，把它折断。谁手里的骨头最长，谁就能实现愿望。

骨骼

鸟类的骨骼中充满空气，尤其是位于翅膀和腿部的骨头。它们的结构与海绵类似，使得骨骼非常轻且坚固。

尾巴

最初，鸟类的尾巴像蜥蜴一样长。在进化过程中，尾巴缩短为一些相互啮合的椎骨。胸椎和骨盆也连在一起。因此，鸟类的骨骼几乎和飞机机身一样坚硬：肌肉不需要特别用力，就能使鸟类的身体在空中保持直立。

胫骨

踝关节上方的胫骨上没有羽毛覆盖。

股骨

鸟类的膝盖和股骨被羽毛覆盖着，因而通常看不到。

泄殖腔

鸟的排泄物中一般有深色的粪便、未消化的固体膳食残余物和糊状的白色尿液，因为输尿管和肠子最后都通向泄殖腔。性器官与肛门在一起，也通向泄殖腔。

火烈鸟食用的藻类和浮游生物体内含有红色的虾青素，食物的颜色会沉积在火烈鸟的羽毛中，因而它是红色的。动物园中的火烈鸟通常是亮红色，因为食物中添加了色素。

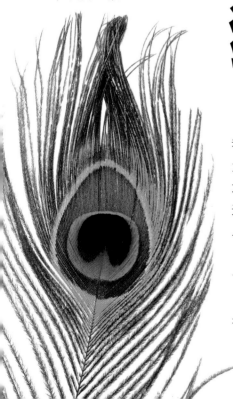

孔雀引人注目的覆羽会变成闪耀的扇形尾屏。

独特的羽毛

鸟类是当今世界上唯一有羽毛的动物。与我们的头发和指甲一样，它们的羽毛由死亡的角质——角蛋白组成。鸟的羽毛有许多不同的功能：它们可以防寒、防风、防雨、展翅飞翔，还能帮助鸟类进行伪装。另一方面，在求偶季节，鸟类会炫耀羽毛的颜色。

鸟类怎样保养羽毛呢?

羽毛对鸟类来说非常重要，我们常常可以看到鸟用喙或爪子整理和清洁羽毛。鸭子和其他水禽尾部的尾脂腺会分泌油脂，它们会定期用喙将其涂抹在羽毛上。于是就像穿了防水雨衣一样，羽毛上的水滴会自行滑落。鸟类每年更换一次羽毛，这个过程被称为换羽。羽毛在数周内按顺序脱落，因为只有当大部分新羽毛重新长出时，旧羽毛才会脱落，所以换羽不会影响鸟类的飞行能力。

羽毛为什么是彩色的?

如果翻阅一本图鉴书，你会注意到雄鸟的

→ 创造纪录
零下**70**摄氏度

在如此低温之下，南极的帝企鹅也能生存。它们的羽毛像屋顶瓦片一样重叠排列。羽毛底下的羽绒把皮肤和羽毛之间的空气锁住，然后将空气加热到体温，使得羽衣下就像睡袋里一样温暖。

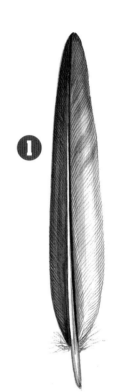

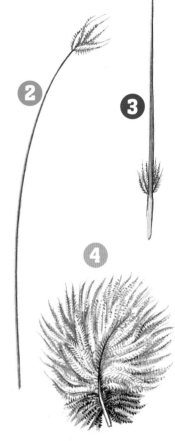

像魔术贴一样，羽小枝通过上面的羽小钩相互勾连。

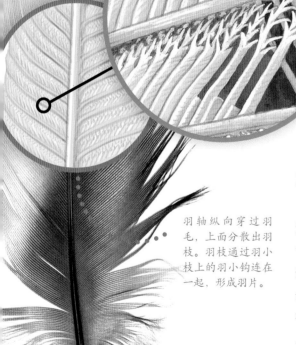

羽轴纵向穿过羽毛，上面分散出羽枝。羽枝通过羽小枝上的羽小钩连在一起，形成羽片。

羽毛通常是五颜六色的，而灰色和棕色的雌鸟则不那么显眼。原因很简单：雌鸟需要孵化鸟蛋，因此尽量避免引起注意。相反，雄鸟则希望吸引雌性的注意力，特别是在交配季节。通常雄鸟的羽色不会一整年都相同，有些鸟会为鸟类婚礼特意打扮，穿上节日礼服，之后它们脱下彩色的羽毛，换上朴素的羽毛。幼鸟随着年龄的增长，羽毛颜色也会不断变化。

颜色是怎么产生的？

五颜六色的鸟类羽毛只由两种染料组成：浅棕色到黑色之间的黑色素，以及黄色到深红色之间的类胡萝卜素。两种染料的不同组合能形成各式各样的颜色。但最亮眼夺目的色彩不是由染料晕染而成的，而是来自羽毛自身的结构：许多羽小枝和蜡质层对光线所起的反射作用使得羽毛形成闪亮的色彩。

(1) 大飞羽构成了飞行时稳定的翅膀。
(2) 像头发一样的半绒羽位于其他羽毛之间，并且杂乱无章。
(3) 短短的纤羽主要位于眼部和喙周围。它的作用类似于哺乳动物的触须。
(4) 隔热绒羽。覆羽上也经常有蓬松的绒毛。

有趣的事实

蚂蚁是洗发水

乌鸦有时张开翅膀蹲在蚂蚁堆上。蚂蚁在防御时会喷蚁酸——蚁酸能杀死羽毛中的真菌、细菌和寄生虫。这种行为被称为"蚁浴"，真是罕见的洗澡方法！

歌唱冠军和口技演员

当鸟儿们回归，响亮的鸟叫声此起彼伏，意味着春天翩然而至。特别是在你清晨去学校时，或是晚上打开窗户躺在床上时，你都能听到"小歌手"在不厌其烦地重复它们的旋律。有时，你能听到叽喳的柳莺在歌唱，它们只唱两个音符：叽—喳，叽—喳，叽—喳。真是悦耳动听！每个物种都有自己独特的声音，如果你看不到鸟儿的身影，可以试着通过它们的歌声来——区分。鸟类生来就会唱歌，但至于唱什么，怎么唱，幼鸟只能通过聆听和模仿进行学习。

为什么鸟叽叽喳喳地叫？

鸟叽叽喳喳地叫，是为了交流。比如，当猫悄悄走近它们时，它们会发出短促的警告声。不过，鸟类也真的会唱歌。

"咘~咘~唛~咳"这个特别的叫声正是南非丛鵙德文名字"Bokmakin"的由来。它们叫声洪亮，而且经常二重唱。

云雀

夜莺

➤ 你知道吗？

"那不是夜莺歌唱，是云雀报晓。"你可能知道莎士比亚的《罗密欧与朱丽叶》中这句经典台词。在密会之时，朱丽叶想用这句话说服她的爱人留下。因为云雀会在清晨高歌，而夜莺经常在午夜之后浅唱。

鹩哥生活在印度雨林，属于椋鸟科。它像鹦鹉一样，可以模仿完整的句子。

知识加油站

▶ 并非所有的鸟类都会在求偶时唱歌，有些鸟会发出乐器的打击声：啄木鸟用喙敲击木头，白鹳上下闭合喙发出声音，骨顶鸡则跺脚。

唱得响亮且持久的大多数是雄鸟。随着食物变得越来越丰富，鸟类开始寻找配偶，共同养育孩子。首先，雄鸟有自己的领地。房子山墙上的乌鸫唱歌不是因为高兴，而是要告诉竞争者："看这里，我就在这里！这个地方已经被占领了！"也就是说，鸟儿首先用歌声划清领地。第二，追求雌鸟。歌声越是花样繁多，雄鸟就越有吸引力。因此，一只乌鸫经常回应另一只乌鸫，想要超越它。夜莺向我们展示过最长的歌曲有 200 多段不同的音乐。

城市中的吵闹鬼

我们人类利用声带发出声音，而鸟类的发声器官是鸣管。鸣管位于气管与支气管交界处，气管被鸣膜阻隔。气流通过时引起鸣膜振动，于是产生了声音。鸣肌可以改变鸣膜的张力，从而改变鸣声。研究人员发现，城市里的鸟儿唱得更响，它们的声音可以轻松地盖过周边的噪声。许多城市中的鸟也比乡村的鸟更早鸣唱，因为那时街上比较安静。

鹦鹉会说话吗？

寒鸦、椋鸟和松鸦可以出色地模仿陌生鸟类的声音。鸟类的听力比人类更灵敏。如果鸟类学家录下它们的歌声，他们需要放慢录音以听取所有细节。鸟类听声音就像我们看慢镜头一样，因此它们能更准确地模仿。虽然"会说话"的鹦鹉能像模仿陌生的旋律一样重复人类的话语，但它们无法说出有意义的句子，也不会与人交谈。

有趣的事实

都是偷来的

琴鸟的婚礼歌曲融入了其他鸟类的 20 首曲子。如果澳大利亚的琴鸟在人类附近生活，它的情歌听起来可能像是这样：警报系统响起，电锯发出刺耳的声音……真的！你可以去网络上听一下（搜索关键词：琴鸟和电锯）。

鸟类的婚礼：求偶

扇尾沙锥

雄鸟以"之"字形升到50米的"高空"，然后突然倾斜身体，尾羽展开，向斜下方急速下降。

在鸟类中，雌鸟具有挑选伴侣的主动权。因此，雄性会展示最艳丽的羽毛和最美妙的歌声。不过并非只有这些，一些雄鸟也试图通过大胆的飞行特技，以博得雌鸟喜爱。还有一些雄鸟会备上厚礼，给未来的女主人送上肥硕的猎物。鸟类通常在求偶前就会筑巢：雄鸟负责筑巢，雌鸟则为自己选择最美丽的小屋。

为什么这么费力？

一个整洁的鸟巢能保障后代的安全，赠送鸟食代表着关心，但为什么雌孔雀会选择开屏最漂亮的雄孔雀呢？这也是有理由的：长长的羽毛和鲜艳的色彩代表着健康的饮食习惯，也就是说雄鸟能确保食物来源。因此，雄孔雀会展翅开屏，精心展示。

竞争对手和领地抢夺

求爱的过程往往伴随着战斗。雄鸟有时为抢占最好的孵化场而战，有时为争夺雌鸟而战。战斗的形式则取决于它们捍卫领地的方式。鸣禽通常大声唱歌，这样入侵者就会离开了；而隼或雄松鸡会采用肉搏的方式；滨鹬以佯攻战斗决定胜负：雄鸟选定一个战场，它们在雌鸟面前竞争，就像在竞技场中一样。

雄松鸡展开尾巴和翅膀，扑向对手。

军舰鸟有专属的求偶器官：它们的红色喉囊会像气球一样鼓起。

凤头䴙䴘的动作就像互相照镜子一样。最后它们衔起一根植物，身体以"企鹅姿势"从水中高高挺起。

园丁鸟生活在新几内亚的热带雨林,看似非常不起眼。雄鸟会为求偶而建造亭子,并用颜色鲜艳的水果和鲜花装饰,非常漂亮。但这仅仅是它们的爱巢,之后雌鸟会修筑自己的孵蛋巢。据研究人员推测,雄鸟喜欢通过奢华的亭子来展现自己的生活水平。

和谐的头部接触

　　虽然两只鸽子相互选择了对方成为伴侣,但求爱还没有结束。雌鸟慢慢让雄鸟接近自己,有时两只鸟在空中互相追逐,或者一致地移动头部和翅膀。因而伴侣们相互适应,感情升温。有些鸟甚至会接喙,就好像亲吻一样。它们为求爱花费许多时间,而交配通常只需要几秒钟。雄鸟爬上雌鸟的背部,两者的泄殖腔接触。就这样,雄性的精液得以流入雌鸟的输卵管,并使卵子受精。

当虎皮鹦鹉啃咬伴侣的喙时,看起来无比温柔。接喙能增进这对夫妇的凝聚力。

雄孔雀正卖弄着自己华丽的羽毛,所以人们常说孔雀虚荣。

建筑师和修筑者

公寓：织布鸟通常会在树上搭建几百间起居室。

非洲织布鸟是技艺高超的建筑师。雄鸟用喙把稻草编织成坚实的球状鸟巢。巢的管状开口向下，因此小偷很难入侵。

你有没有见过被遗弃的鸟窝，或是从地上捡起过鸟窝呢？最常见的鸟窝是盆状巢，比如乌鸫筑的巢：它们把小枝或茎搭成圆形，里面填充着柔软的干草、细根、苔藓或羽绒。乌鸫用脚和喙来搭建巢的墙壁。这种巢的优点在于：蛋不会滚动，在里面也很暖和。鸟儿筑巢不只是为了给孩子居住，在求偶期外，它们也经常在巢里睡觉和生活。

也有鸟不筑巢。比如海雀、海鸥和其他海鸟，会把鸟蛋产在光秃秃的岩石上，通过染色伪装起来。鸟蛋一般是圆锥形的，所以不会滚离岩石，而是像不倒翁一样绕着顶部旋转。

东南亚小型缝叶莺的名字不是偶然得来的：它们先用细长的嘴在叶边穿一排小孔，再把植物纤维和蜘蛛丝穿过小孔，在两端打结，就这样把叶子缝在一起变成一个巢。

家燕混合湿黏土与秸秆，并把它们的巢粘在屋檐下。

芦苇莺在芦苇丛中筑巢，并将巢挂在摇曳的茎秆之间。

因为地面上的蛋很容易被偷，所以山鹬会在草丛里刨一个洞，然后产很多蛋。

大斑啄木鸟的巢穴建在树干里。它们离开后其他动物会继续使用这个巢。

鸟类如何筑巢？

鸟类生来就会筑巢，不需要向同类学习。"建筑大师"们在使用材料方面很有创意：特别是城市的鸟儿会使用周围任何合适的东西——有时还会有纸袋、手帕和连衣裙。不幸的是，钓鱼线和锋利的塑料切口偶尔会伤到它们。不过，墨西哥的研究人员发现，用香烟残留物作为巢的软垫不会伤害鸟类，含有尼古丁的滤渣还可以驱除吸血螨虫！

→ **创造纪录**
3米宽和6米高

美国白头海雕建立巨大的巢。超大号卧室最多由三只雏鸟分享。

骨顶鸡在岸边把树枝堆积成漂浮的巢穴。

不可思议！

亚洲金丝燕的唾液非常坚韧，富含蛋白质。它们用唾液做的巢穴与家燕的相似。中国人将这些唾沫制成燕窝，许多人不惜花高价换取这种美味。

鹰形目在树冠上楔入树枝，并在里面放上柔软的东西。它们的窝被称为"大鸟巢"。

一个巢箱就可以帮助很多鸟类！

自己建造一个巢箱！

许多鸟类都会在封闭或半开放的洞穴中筑巢。啄木鸟自己建造客厅，如山雀、麻雀或欧亚红尾鸲等鸟类则使用既存的树洞、岩石裂缝和房屋墙缝。但这样的房子越来越少：现代房屋的墙壁和屋顶都非常厚实，花园里的树木也很少有腐烂的空心洞，以致鸟类难以找到栖身之处。燕子找不到建造黏土巢的材料，因为房屋周围的地面都被柏油和石块覆盖。这就是鸟类需要我们帮忙的原因！

DIY 手工制作专区

材料和工具

- 未经处理的云杉或冷杉木板，厚约 2 厘米。
- 4 厘米长的钉子，大约 25 枚，用于连接各零件。
- 2 个螺丝钩。
- 长约 10 厘米的钉子，2 枚，用于把箱子悬挂在树上。
- 锤子、锯子、木钻（约 5 毫米）、木锉。

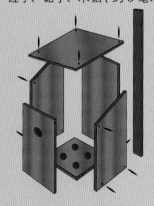

制作步骤

1 首先，锯开木板，在底部钻四个孔（直径约 5 毫米），用于通风和除湿。然后，将作为巢箱后墙的木板钉在底板上。

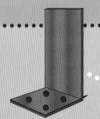

2 为了方便雏鸟爬出巢箱，你需要把正面和侧壁的内部用木锉弄粗糙。接着，把侧壁钉紧。

3 你可以用木钻或锯子制作正面前墙的入口，只需在前墙上方的两侧钉两个钉子，将两个螺丝钩插入前墙下方的侧壁，确保巢箱能够闭合。在进行清洁时，你可以把螺丝钩拧到一边，把前墙木板向上翻折打开。

4 最后，在巢箱背面钉上一条长木板，这样巢箱就可以固定在树上了。你也可以选用防水木板作为巢箱的屋顶，或者用亚麻油等材料对木材进行防水处理，避免雨淋。你还可以给巢箱涂上颜色，但只能用无溶剂环保涂料，也不要太花哨，会把鸟儿吓跑的。

蓝山雀一般在树枝上的孔洞中筑巢，因为不容易被发现，它们很乐意搬进巢箱中孵蛋。

入口

入口的大小可自由选择：小山雀为 26~28 毫米，大山雀和普通鹎为 32 毫米，麻雀和斑姬鹟为 35 毫米，椋鸟为 45 毫米。

停栖横木

我们故意不做让鸟类停栖的横木：虽然有横木的话看起来很可爱，但它只对猫、喜鹊和其他小偷有用，在巢箱里定居的鸟儿不需要它！

谨防猫和貂的入侵

如果巢箱底部到入口的距离大于 17 厘米，它们的爪子就够不到底部了。

大于 17 厘米

底部略微伸出的正面前墙

可以更好地排出雨水，巢箱也更容易打开。

通 风

底部的四个孔有助于通风。

把你的巢箱挂在离地面至少两米的地方，确保猫很难碰到！人们常说入口要朝向东南，但更重要的是把巢箱悬挂在免受天气影响的那一侧，也就是让入口处不受风雨侵袭。同时，箱子也不能暴晒！

为什么巢箱必须挂起来？

　　你可能觉得春天是建造新巢箱的最佳时间。然而，自然保护组织建议，秋天就应该把这些巢箱挂起来：在寒冷的季节，许多鸟类会把它当作庇护所。九月之后是清理巢箱的最佳时间，用铲刀刮去粗糙的污垢，然后用水和刷子清理。千万不要使用清洁剂！

鸟蛋之间的区别不仅仅只有大小，还有颜色。鸟蛋上一般有自然的斑点，可以进行伪装。穴洞孵卵鸟类下的蛋一般是白色的。

圆乎乎的鸟蛋

鸟类不像哺乳动物一样直接生下幼崽，所有的鸟类都先下蛋，然后用体温进行孵化，为什么会这样？科学家们还不知道原因。有一种猜测是，因为子宫中的胚胎会导致体重增长，使鸟类在很长一段时间内无法飞行。也有人说，考虑到掠食者众多，相比于雌鸟和幼崽一起被吃掉，蛋被偷走的风险和损失则小得多。

鸟类下几个蛋？

在繁殖季节，雌鸟每天下一个蛋。许多鸟一开始会把未孵化的蛋存放在窝中，通常下完最后一个蛋后才开始孵化。这样，所有的雏鸟就可以同时出壳。蛋的大小取决于各种环境因素：潜伏在周围的敌人有多少？预期的损失有多大？食物供应有多少？能不能喂养所有的雏鸟？例如，山鹬在地上孵蛋，因为很容易被偷走，所以它们会产下多达 20 个蛋，以试图解决这个问题。雏鸟出壳的最初几天，鸽子妈妈会给它们喂食自己嗉囊中分泌出的鸽乳。但是，嗉囊中的鸽乳只够两只雏鸟的分量，这就是为什么鸽子只下两个蛋。另外，许多鸟类每年不是只孵化一次，而是根据天气状况孵化两到三次。

知识加油站

▶ 你早餐吃的鸡蛋是褐色还是白色的壳，这与羽毛颜色或鸡饲料的种类无关，完全取决于鸡的品种。你可以根据鸡的白色耳朵，也就是脸颊上的白斑，判断它会下白色的蛋。

鸵鸟蛋：
高约 15 厘米

鹅蛋：
高约 9 厘米

鸡蛋：
高约 6 厘米

乌鸫蛋：
高约 3 厘米

蜂鸟蛋：
高约 0.7 厘米

蛋壳

细小的气孔给幼雏提供氧气。

壳 膜

蛋壳内部有两层薄薄的膜，它们大多紧密接合，仅在蛋的钝端分离，形成一个气室。

胚盘

当卵子受精时，它是蛋黄表面的一个白点，从中发育出胚胎。

卵 白

为胚胎提供蛋白质和水分。

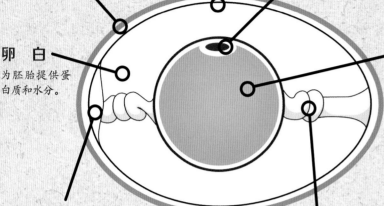

卵 黄

胚胎的主要食物来源，含有大量的脂肪和蛋白质。

气 室

在孵化期间，气室为小鸡提供呼吸所需的空气，也可防止蛋液体积增大胀破蛋壳。

卵黄系带

它们由固化的卵白组成，能使浮动的卵黄固定在卵白的中间位置。

大约28天后，雏鸭破壳。在破壳前3天，它就开始在蛋壳中叽叽叫了。

羽毛最初湿漉漉的，粘着蛋白。为了恢复体力，在破壳而出的过程中，雏鸭经常停下休息。

用嘴钻个孔，幼雏就可以破壳而出啦！

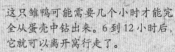

这只雏鸭可能需要几个小时才能完全从蛋壳中钻出来。6到12小时后，它就可以离开窝行走了。

为什么蛋很脆弱？

蛋壳90%的成分是碳酸钙，为胚胎提供了透气罩。圆形结构在一定程度上能够保证其抗震性，正如拱桥可以比平桥承受更大的重量，薄薄的圆蛋壳比其他薄薄的物体更稳定。如果蛋壳太厚，那么幼雏就会无法通过自己的力量破壳而出。

晚成雏

雏鸟饥饿地张着嘴巴：红色是在提醒红腹灰雀妈妈把食物放入它们的嘴巴。

暴雪鹱的雏鸟向敌人"吐口水"，以此自卫。

早成雏和晚成雏

大斑啄木鸟妈妈很开心——因为雏鸟只需孵化十几天，就可以出壳了。漂泊信天翁要在蛋上坐85天，实在太耗费能量了！因而在这段艰难的孵化期，极大的能量消耗，加上它们无法自己觅食，许多鸟类都会消瘦。大多数鸟类都是雌性负责孵蛋，雄性负责觅食，但有些伴侣在孵化期间会交换分工职责。北极的红颈瓣蹼鹬非常特殊，它们的性别角色有悖传统：雌鸟的羽毛更鲜艳，它们向雄鸟求爱，而雄鸟负责孵化和照顾幼雏。

雏鸟什么时候开始独立生活？

漂泊信天翁不仅需要很长时间孵化，而且幼鸟在一年后才敢起飞，正式独立。出壳后长时间留巢并由父母照顾的鸟类被称为晚成雏。它们伸展脖子，张开喙，等待喂食。红色的咽

堆肥作为孵蛋器

眼斑冢雉把蛋埋在一堆树叶下，树叶腐烂所产生的热量能帮助它们孵蛋。

"灰鹅之父"

康拉德·洛伦兹（1903—1989）的经典照片：白胡子男子向前走着——后面跟着一群鹅。雏鸟记住了这位奥地利动物学家：孵化后，它们第一眼看见的是他，而不是自己真正的母亲。除了许多关于行为生物学的研究之外，康拉德·洛伦兹还首次提出了"印记"概念。为此，他获得了诺贝尔奖，被誉为"灰鹅之父"。

喉对父母来说是关键信号：刺激父母让出猎物，分给雏鸟。相反，早成雏可以立即独立找到食物，但它们也经常得到父母的支持和保护。

小心偷蛋贼！

如果一只天鹅振翅怒吼向你靠近，你最好乖乖退后。它为了保护孩子，会用喙啄你，用翅膀扇你！即使是小型鸟类，也会对猫、喜鹊或松鼠发起致命的攻击。有些鸟甚至具有欺骗小偷的技能，例如，没有攻击能力的小山雀会模仿蛇的声音；金眶鸻垂下翅膀假装受伤，把敌人引诱到地面，慢慢离巢越来越远，然后"嗖"地一下飞走了……

大杜鹃！哪里来的陌生鸟蛋？

雌性大杜鹃不想辛苦孵蛋：它通常会把蛋放在体型较小的鸟的巢里，比如芦苇莺或白鹡鸰。它会趁其不备吃掉其他鸟下的蛋，然后把自己的蛋替换进去。大多数鸟类都无法察觉，并继续孵蛋。一旦大杜鹃宝宝出壳，它就会把其他雏鸟扔出巢窝。由于它可以模仿整窝雏鸟的哭声，所以养父母毫无察觉地喂养着这只陌生的小鸟，直至其完全长大。此外，还有一些鸭子会把自己的蛋混到其他正在孵化的鸟蛋中。

巨婴：山雀在给大杜鹃宝宝喂食。

不可思议！

生活在南极的帝企鹅只在冬天下一个蛋。企鹅妈妈小心地把蛋交给爸爸，企鹅爸爸会把蛋放在脚上两个月，并放在肚子下加热，直到小企鹅出壳。然后就轮到企鹅妈妈来接班了。

棕色的天鹅

小天鹅属于早成雏，从一出生就自己觅食。但它们会在家里待上一年，在次年性成熟后，身上的褐色羽毛会变成白色，喙则变成橙色。

早成雏

悬崖上的
折翼飞行员

五月的时候，当北极海鹦在孵蛋岩上聚集时，它们看起来就像穿着燕尾服在参加化装舞会：求偶时，相比于黑白色的羽毛，它们的喙大而多彩，就像是为了狂欢节而特地装上的假鼻子。它们的翅膀短而窄，与企鹅相似。因为北极海鹦在水下狩猎，所以翅膀能作为鳍使用。北极海鹦大多数时候在海洋中生活，只有在繁殖期，它们才来到大陆，比如冰岛、挪威或英国。

北极海鹦通常会和崖海鸦、暴雪鹱以及刀嘴海雀一起，在悬崖上修建巨大的繁殖地。许多海鸟把蛋直接放在岩石上，而北极海鹦则在洞穴中孵化。洞穴深约 1.5 米，外观就像兔子洞，北极海鹦在这些洞中放入自己唯一的蛋。

在冰岛，北极海鹦被称为"Lundi"，也常常是人们菜单上的特色菜——冰岛人喜欢吃北极海鹦和它们的蛋。不过，对于坠落到海面上的幼鸟，人类也会伸出援手。

南美洲的美洲红鹮成群以大树作为藏身之所。

北极海鹦把猎物放在喙中，玉筋鱼像胡须一样挂在它们嘴边。

为什么鸟类
集体孵蛋？

几乎所有的海鸟都在营地繁殖，通常各种鸟类都混杂在一起，这可能是因为沿海只有少数合适的繁殖地点。另一方面，群体聚集也有好处。在寻找伴侣方面，对于鸟类来说，悬崖附近可是一个巨大的婚姻市场，所以很容易找到另一半。聚集地也为繁殖提供了更好的庇护，因为群鸟聚集，可以相互照看，还有利于击退敌人。当然这样也是有风险的，因为竞争激烈：如果繁殖地太大，食物可能会稀缺。因此大多数海鸟会在非繁殖季节飞往远方，寻找渔场。内陆也有群体繁殖的鸟类，比如鹭科、鸬鹚科和朱鹭亚科，而乌鸦和麻雀会在一棵树上一起筑巢。

北方塘鹅狩猎鲱鱼和鲭鱼，并在陡峭的岩石岛屿上筑巢。在德国的黑尔戈兰岛上，还有一个北方塘鹅的集体繁殖地。

"神风"飞鸟队

鸽子大小的北极海鹦在水下捕猎时非常灵活，但到了天上，它们的翅膀却不怎么好用。每年都有一些幼鸟试图从繁殖悬崖上飞向大海，却都早早坠落了。它们的父母对此无能为力，因为自己的飞行能力也很有限……但幸运的是，有冰岛的孩子们！每年到了北极海鹦羽毛丰满的时候，他们会救起那些"折翼的飞行员"，并把它们再次放入水中。

北极海鹦眼睑和三角形喙上的亮蓝色有助于在求偶中吸引异性注意。夏末繁殖期过后，彩色的角质层会自动脱落，因而喙就会变窄，并且不再那么显眼。

→ 创造纪录
60000
对北方塘鹅共同生活在繁殖地。

传统：北极海鹦独立后，冰岛的孩子们会深夜搜寻"折翼的飞行员"。

空中的游牧人

在秋天，几乎一半的本地鸟类都会离开繁殖地，迁往其他地区过冬。每年有 50 亿只鸟在欧洲和非洲之间往来，它们并非纯粹为了逃离寒冷，因为羽衣也能保护自己，更准确地说，鸟类旅行是去寻找食物来源，这就是为什么热带地区也有鸟类迁徙。在纬度较高的地区，鸟类在冬季尤其找不到可食的昆虫，种子和浆果也变少了。而在温暖的低纬度地区，鸟类仍然能够获得充足的食物。那它们为什么不在那里待一整年呢？很简单：那里聚集了太多同类，导致食物紧缺而无法养育幼鸟。所以它们会在春天回来。

谁发出初始信号？

最初人们认为，鸟类会根据日长或天气的变化开始迁徙。然而令人惊讶的是，人造光下笼养的候鸟与它们的野生同类会在同一时期开始焦躁不安。它们的不安持续了很长时间，和其他候鸟飞到冬营地的时间一样久。也就是说，鸟类有一个天生的内部时钟，不仅能给它们发出起飞的信号，还会告诉它们飞行的持续时间。然而，天气也是影响因素：天气情况会影响食物的多少，可能导致鸟儿提前向南方起飞，或者花费更多时间飞行。

鸟类为什么保持"V"字形飞行队列？

"V"字形可以帮助鹤这样的大型鸟类节省力气：位于队列前方的鸟鼓动翅膀产生空气涡流，这些涡流对后方的鸟有上升作用。耗体力的前端位置上的鸟会不断更换。

鸟类学家还曾搭乘轻型飞机跟着候鸟。迁徙对鸟类来说是非常累的，许多鸟在出发前增重到原来的两倍，这足以支撑它们飞行 100 个小时。

许多鸟类在夜间迁徙，即使在白天飞行时，它们也经常躲在云层后面。为了更好地了解它们的迁徙行为，人们现在给一些尚在巢里的幼鸟套上了环，即把金属或塑料环固定在它们的脚上，环上带有一个代码，可以进行识别。

鸟类如何知道迁徙路径呢？

在进一步的实验中发现，鸟的迁徙方向感也是与生俱来的：鸟类总是希望笼子朝向同一个方向，但是它们如何做到飞翔几千千米却仍能保持方向不变呢？鸟类可以像我们一样通过地标，也就是显眼的地貌特征，确定方向。但是候鸟不依赖于视觉记忆，而是使用特殊的指南针：白天它们通过太阳辨别方向。依靠内部时钟，它们可以根据一天中某个时间的太阳位置来确定方向。由于鸟类能看到紫外线，所以即使在阴天也能使用太阳指南针。晚上，星星也能帮助它们。鸟类究竟是根据哪些星星辨别方向的，目前尚不得知。事实证明，它们一定曾经见过满天繁星的夜空，所以才能利用其进行定向导航。因此，星星指南针并不是天生的，可能是其幼鸟时代的印记。鸟类的第三个指南针是磁感应，不过这方面的研究目前还很少。

在秋天，鹤会发出响亮的声音，飞向南方，人们可以从其飞行时伸展的腿辨认出它们。这些大鸟也戴上了卫星发射器，多亏了全球定位系统，人们随时都能找到它们的位置。你也可以在互联网上跟踪它们的行程。

知识加油站

▶ 一种鸟是不是候鸟，取决于其基因。同一种鸟中，可能有候鸟，也可能有留鸟，它们之间的区别并不绝对。

▶ 鸟类的迁徙行为也和其地理分布有关：在斯堪的纳维亚半岛，大部分的乌鸫都是候鸟，在德国有一部分是候鸟，而在地中海地区则大部分都是留鸟。

▶ 漂鸟不会迁徙到南方，但它们会在寒冬离开夏季居住地，在周围漂泊，寻找食物，也因此而得名。

磁罗盘

对于候鸟来说，最重要的导航辅助工具可能是它们的磁感应。我们的地球被磁场包围，磁场线从地核通过南极到北极并返回到地核。它们以密集的网络围绕地球，赤道附近磁场的方向是水平的，两极附近则与地表垂直。虽然磁场线对我们来说无法用肉眼看见，但鸟类可以根据磁场线的倾斜角度进行定位。有关知更鸟的实验表明，它仿佛可以通过双眼进行磁感应。不过，最新研究发现，磁场传感器位于知更鸟喙周围的晶体中。至今，鸟类迁徙的所有秘密都还没有完全揭开！

自带指南针的 全球旅行者

凤头麦鸡
行程：长达 4500 千米
翼展：约 85 厘米
起飞时间：6 月—10 月
回程时间：2 月—3 月
根据天气情况的不同，凤头麦鸡整个夏季一直向西移动，在寒冷的冬季才到达地中海。

北美洲

直布罗陀海峡

红喉北蜂鸟
行程：长达 6000 千米
翼展：约 10 厘米
起飞时间：7 月—10 月
回程时间：3 月—5 月
即使是世界上最小的鸟类也可以穿越大海：红喉北蜂鸟穿越墨西哥湾——800 千米不停歇。

秋天，你可以仔细观察鸟类迁徙。在繁殖期后，比今年春天飞回的数量还要多的鸟儿启程飞往冬营地。漫漫长路，归途是一场争夺繁殖地的竞争。鸟类的迁徙各不相同，有些独自上路，有些则成群结队。鸟类学家还无从得知，复杂的迁徙模式是如何发展起来的。但有一点可以肯定：漫长的旅程是动物界的最高成就之一。

南美洲

北极燕鸥
行程：长达 20000 千米
翼展：约 80 厘米
起飞时间：8 月—11 月
回程时间：3 月—5 月
北极燕鸥在北极和南极之间来回迁徙，界上迁徙距离最远的物种。倘若不是都只穿越大西洋，则可以说它们是在地球！

漂泊信天翁
行程：长达 20000 千米
翼展：约 350 厘米
起飞 / 回程时间：一整年
漂泊信天翁不是真正意义上的候鸟，而是海洋漂泊鸟类。它们在南极洲海洋的岛屿上孵蛋，在南极周围猎捕乌贼。它们乘着风暴滑翔，如果风速低于 12 千米 / 时，就无法起飞。

大杜鹃

行程	长达 12000 千米
翼展	约 60 厘米
起飞时间	3 月—5 月
回程时间	7 月—9 月

大杜鹃独自迁徙。虽然它们由陌生鸟类抚养长大，但迁徙模式是相同的，从而可以看出，迁徙行为是天生的。

白颊黑雁

行程	长达 3200 千米
翼展	约 145 厘米
起飞时间	8 月—10 月
回程时间	4 月—5 月

白颊黑雁离开俄罗斯北极的繁殖场，飞向德国过冬。各个群体中年长的鸟会把迁徙路线转告给年轻的鸟。

斑尾塍鹬

行程	长达 14500 千米
翼展	约 75 厘米
起飞时间	9 月—10 月
回程时间	4 月—5 月

一只雌性斑尾塍鹬保持着不间断飞行的纪录：卫星发射器测量数据为 11600 千米，它在阿拉斯加和新西兰之间的旅途中完全没有停歇！

白 鹳

行程	长达 10500 千米
翼展	约 160 厘米
起飞时间	8 月—10 月
回程时间	2 月—4 月

这种重达 4.5 千克的鸟类尝试尽量不扇动翅膀进行滑翔。陆地产生的热气流可以为它们提供热量，这就是为什么它们飞往非洲时要绕过地中海，而是经过直布罗陀海峡或博斯普鲁斯海峡。

西伯利亚

亚 洲

博斯普鲁斯海峡

撒哈拉

南 非

澳大利亚

谁会光临饲料屋？

食谷鸟和杂食动物在冬天仍然能够找到足够的食物。一些吃昆虫的动物，如大山雀，也可以改变饮食习惯，选择吃谷物维生。另外，你在饲料屋里看到的煤山雀和春天筑巢的那些不一定是同一批的。虽然"我们的"煤山雀遵循了它们惯常的饮食习惯，但其实是来自西伯利亚的煤山雀搬进了它们的饲料屋。麻雀和啄木鸟才是留鸟，它们会一直待在同一个地方。

迁徙越来越累

在过去的几十年里，冬天变得越来越暖和，降雪也越来越少了。许多鸟类，如本来会迁徙到南方过冬的乌鸫、苍头燕雀和知更鸟，现在即使在寒冷的季节也会留在我们身边。显然，它们在这里就能找到足够的食物，不需要辛苦地飞向遥远的冬营地。其中一个原因是，许多物种在人类的帮助下找到了新的食物来源。

冬季客人

在夏季，有时你可以看到一些仍在冬营地生活的鸟类。例如，美丽的太平鸟常常成群结队地在灌木丛中跳跃，收集浆果，因为在它们的故乡斯堪的纳维亚或俄罗斯，已经找不到这种食物了。

杂食鸟

松鸦并不挑食。像喜鹊一样，作为饲料屋的客人，它们会挑选合适的食物。

食谷鸟

强有力的喙表明：锡嘴雀是典型的食谷鸟，它们甚至可以咬开樱桃核！与苍头燕雀和红腹灰雀一样，它们喜欢在饲料屋里啃咬未剥皮的向日葵种子和切碎的花生。

软食鸟

乌鸫在夏天喜欢吃蚯蚓，但主要以浆果为食。它们会在饲料屋里享用苹果干。

食虫鸟

知更鸟需要高脂肪的食物，并且喜欢在地面上寻找食物。你可以给它们喂食在食物油里浸泡过的燕麦片或葡萄干。

正确喂食小鸟！

　　过去人们常说，喂鸟只应该在白雪皑皑的冬天进行。但也有许多环保人士认为，问题不在于该不该喂鸟，而是怎样喂鸟。一旦开始喂鸟，至少应该从十一月一直坚持到二月。鸟类很快就能习惯额外的食物来源！搭建饲料屋时应该避开猫，并用灌木丛或附近的树木遮盖。你最好每天撒一点食物，食物不能被雨淋湿，也不能混入鸟类的粪便，这样会让它们生病。此外，小屋应定期用热水清洗。

鸟类迁徙的终结？

　　如今，研究人员不再严格地将鸟类分为候鸟和留鸟。相反，他们认为所有鸟类都是部分候鸟，因为其中既有候鸟，也有留鸟，而环境状况决定了哪种行为占主导地位。在温和的冬天之后，留鸟能更快占领繁殖地，并能够快速繁殖。但是，候鸟在寒冬更容易生存下来。莺的驯养实验表明：候鸟不再迁徙，留鸟开始迁徙，这种调整可以在几年内完成。如果气候继续变暖，可能几十年后鸟类都不再迁徙了。

留鸟

大斑啄木鸟（右）一般在冬季也能找到足够的食物，但它们仍然爱吃饲料做成的丸子。红额金翅雀（下）爱吃干蓟种子，但也会食用饲料屋里的普通谷物。

用望远镜
看看吧！

鸟类学家是专业的观鸟者。他们科学地研究鸟类，包括它们的生物特征和行为。但许多"业余鸟类学家"也通过自己的观察为鸟类研究做出了贡献。由于鸟类的移动性强，因此有必要在尽可能多的地点收集关于它们的数据。一旦你开始熟悉迷人的鸟类世界，可能也会爱上观鸟！

怎样观察鸟类呢？

鸟类的伟大之处在于其无所不在，你几乎可以在任何地方找到它们。即使在大城市，也有各种各样的鸟。早晨和黄昏是最好的观察机会，大多数鸟类在那时是最活跃的。你能靠近一只鸟的距离取决于它的惊飞距离。有些鸟类一听到很微弱的响声，就会飞得远远的。而麻雀、鸽子或乌鸦有时甚至会跳到我们的桌子上偷东西。一般来说，当你发现一只有趣的鸟时，最好静止不动，不要把它吓跑，只要远远地观察它即可。如果它勇敢而好奇，可能会主动接近你……

有人看到我吗？为了能拍摄到害羞的小鸟，自然摄影师必须拼尽全力。他们穿着迷彩服，带着功能强大的长焦镜头，耐心等待着合适的机会。

背部　脖子　头顶　前额
覆羽　眼部条纹
初级飞羽
次级飞羽　下巴
尾巴　咽喉
胸部
腹部

谁在天空盘旋？

当肉食禽类在高空盘旋时，用望远镜只能看到它们的模糊身影，然而从飞行时的身形轮廓也可以辨认出鸟的种类。

从分叉呈锯齿状的尾巴就能轻易认出红鸢。它的翅膀呈弧形，末端的羽毛叉开。

普通鵟的尾羽呈扇形，其伸展的翅膀像板子一样。

隼是体型较小的肉食禽类，其特征是尾巴窄而直，翅膀细长。

辨别鸟类

如果你想学会辨别不同的鸟类，那么知道鸟类某些身体部位的不同名称会大有裨益。然后你可以查阅图鉴书，看看是否需要注意其头顶或喉咙的颜色。散步的时候，最好背朝太阳——因为逆光时会看不清鸟的颜色。当然不要只关注羽毛的颜色，还要注意观察鸟的大小、喙的形状和腿。如果你在两种非常相似的鸟之间拿不定主意，注意一下发现这只鸟的周边环境，比如，在海边几乎是不可能看到黄嘴山鸦的！

成为一位鸟类观察者！

1 双筒望远镜

初学者不要选用太重的双筒望远镜，这样你才会愿意在观察时随身携带它，并能平稳地握持。如果你还无法通过两个透镜进行观察，可以尝试单筒望远镜——也就是只有一个镜筒的望远镜。

2 笔记本

随时带着笔记本，你就可以立即记录下观察结果。时间久了，你的笔记本将会成为一本鸟类观察日记，从中可以了解到特定季节某些鸟类的行为。

3 图鉴书

要是没有图鉴书，即使是最有经验的观鸟者也会束手无策。你最好尽快适应鸟的绘图，而不是鸟的照片。绘图能更好地展示鸟类的重要特性，因为它们之间的差异可能非常微小。

4 辨听鸟叫声

使用音频学习鸟叫声的确非常困难，也许你可以和朋友一起玩类似的猜谜游戏？但是学习声音的最好方法是走进大自然：当你听到鸟鸣声时，试着用望远镜找到正在唱歌的那只鸟。当你下次再听到同样的声音时，先猜测一下它是什么鸟，然后再看。熟能生巧！

5 一起数

向其他观察鸟类的朋友学习是最简单的方法。许多自然保护协会，如世界自然保护联盟（IUCN）、中国鸟类学会和中国鸟类保护联盟都提供鸟类相关的知识，大多数是免费的。在那里你会遇到诸多同好。在中国，观鸟和鸟类爱好者队伍正在日益壮大。

Die Stunde der Gartenvögel

利用交叉的喙尖，红交嘴雀可以取出松果里的种子。

寻找食物时，白琵鹭将勺状喙在水中来回摆动。

喙是怎么长出来的？

喙是鸟类最重要的工具，表明了其生活方式，尤其是它们爱吃什么样的食物。雀类有坚固的三角形喙，可以轻松咬开种子外壳。食虫鸟的喙像镊子一样细长，鹰形目甚至可以用坚硬的钩状喙撕裂猎物的皮肤。鸟类的喙比哺乳动物的颚骨更具优势：它在进化过程中形成了许多不同的形状。所以约一万种鸟类在世界各地的生态系统中占据了各种小生境。角状喙非常轻，不妨碍鸟类飞行。虽然巨嘴鸟的喙占其体长的三分之一，但只有体重的二十分之一。

聪明的工具制造者

喙不只帮助鸟类进食，也是筑巢时最重要的工具，鸟类还会利用它们的喙来整理和保养羽毛。除此之外，有些鸟类还使用其他工具。例如，鸫科鸟类把蜗牛壳放在石头上，像铁砧

新西兰的国鸟——几维鸟，是唯一喙尖上有鼻孔的鸟类。

火烈鸟抬起头，喙半开，从水中筛出小龙虾和其他小动物。

金刚鹦鹉的上喙远长于下喙。钩形尖端像第三条腿一样能帮助它攀登。

人们还不知道为什么巨嘴鸟的喙这么大。它们的喙可以作为装饰、武器，或是摘浆果时的"长手臂"。

蛎鹬在泥滩上用长而灵敏的喙撬开贝壳。

如果水流的某处有贝类，水就不能向下流走，鸻形目鸟类把喙放在那里，就能感知到水压的上升。

一样锤击它。也许你在散步时看到过一堆破碎的蜗牛壳：这可能就是一个"鸫科铁匠铺"！通过实验可以观察到，新喀里多尼亚的黑脸火雀不仅会使用木棒从孔中钓出幼虫，还会把工具啃咬到合适的形状和长度，并把这些知识传播给其他同类！在这之前，人们一度认为只有灵长类，即人类和类人猿，才有制造工具的能力。

鸟类会咀嚼吗？

鸟类没有牙齿，因此不能像我们人类一样咀嚼。尽管如此，它们必须尽快享用自己的食物，以防在飞行时胃部不适，并且供给急需的能量。嗉囊在这里起着重要作用：它把难消化的食物泡软，并输送到胃部。有些鸟类还会吞食小石头帮助研磨和消化胃里的食物。

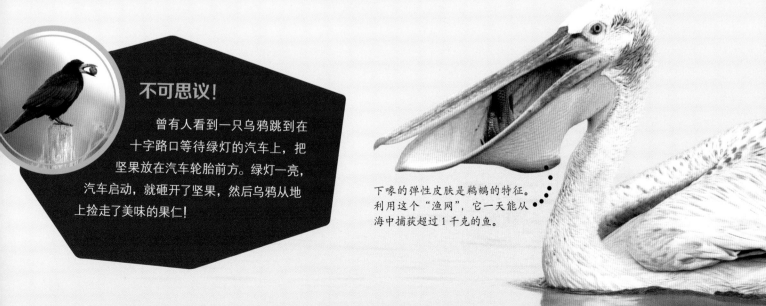

不可思议！

曾有人看到一只乌鸦跳到在十字路口等待绿灯的汽车上，把坚果放在汽车轮胎前方。绿灯一亮，汽车启动，就砸开了坚果，然后乌鸦从地上捡走了美味的果仁！

下喙的弹性皮肤是鹈鹕的特征。利用这个"渔网"，它一天能从海中捕获超过1千克的鱼。

在山上滑翔：兀鹰也被称为"安第斯山脉的国王"。

鸟类为什么会飞？

飞行研究

在扑翼飞行时，羽毛间无空隙，内侧副翼提供向上的升力，而外侧主翼提供使其向前飞的推力。鸟类向上飞时，翅膀在肘部弯曲。

相比飞翔，始祖鸟更喜欢在地上蹦跳——鸟类花了几千年的时间才征服天空。前提条件是它们体态轻盈，以及迄今为止鸟类独有的羽毛。探索家和冒险家们都进行了多次的尝试，仿造鸟类的覆羽，希望像鸟一样飞翔，但他们无一例外都失败了。主要是因为，我们人类不能产生振翅所需的能量，无法在空中停留。而鸟类有强壮的胸肌和能量转化系统，能够完美配合飞翔所需的巨大消耗。

鸟类在空中如何移动？

鸟儿振翅看似只是简单的上下移动，但翅膀的各个位置在扑翼飞行时都有不同的作用。最靠近身体的半边翅膀振动幅度小，但提供了

蜂鸟毫不费力地悬停在空中。其手臂和肩膀像球窝关节一样咬合，使得翅膀在水平方向上几乎可以自由移动。蜂鸟是唯一能够向后飞的鸟！

潜伏中

上升的主要动力。外翅可以形成大弧线，主要提供前进的动力。翅膀向上扑动时，外侧飞羽张开，以便空气通过羽毛间的空隙，再加上翅膀在肘部弯曲，有效减小了翅膀上抬的阻力。翅膀向下扑动时，翅膀展开，主副翼间空隙闭合，翅膀与空气接触面积变大，有效压力增大，便于产生向后的推力和向上的升力。

节能模式飞行

　　如果鸟类不停地扇动翅膀，特别是体型较大的鸟，很快就会精疲力竭。有两种方法可以节省力气：第一，张开翅膀滑翔；第二，收起翅膀并像箭一样发射出去。滑翔的速度缓慢，可以同时休息，适合大型鸟类。为了克服空气阻力，需要一定的重量，因为不仅要下降，而且要向前滑动。我们人类也可以做到这一点！悬挂式滑翔机正是借助了鸟类翅膀般的机翼结构才能慢慢滑翔。鸟类滑翔时也会下落，这就是它们不得不再次振翅的原因。第二种节能模式更容易发生在翅膀较小的鸟类身上和高速飞

行的情况下。你可以在山雀或白鹡鸰等花园鸟身上看到这一点：经过短暂的扑翼飞行后，它们收起翅膀，然后像超人一样在空中射出，之后再次扑腾翅膀。它们的体形尤为符合空气动力学，也就是说，空气经过它们时几乎没有任何阻力。

不可思议！

　　为了觅食，雨燕每天最多能飞行 1000 千米。它们可以在空中停留至少 7 个月，有时甚至还能睡在云上！研究人员认为，它们睡觉时只停止了一半的大脑活动。因为雨燕着陆只为了繁殖，所以它们的爪子很小，且发育迟缓。它们已经不太需要脚了。

有些鸟试图通过快速前后振翅得以在空中停留，一个典型的例子是隼发现猎物时的停悬。鸟类不能停悬太长时间，因为这会耗费太多的能量——就像在一个位置不停踩水保持上浮比正常往前游泳更费力。

天上的统治者

保护镜
肉食禽不仅会用眼皮保护眼睛，透明的半月皱襞也可以像薄膜一样盖在眼睛上，以清洁和浸润角膜。

和我们通常认为的不同，白尾海雕主要捕食水禽。而较小的鱼鹰几乎只吃鱼类，它们快速下降，用脚抓住猎物。鱼鹰能潜入 1 米深的水下。

虽然老鹰不是体型最大的鸟类，但始终给猎人们留下了深刻印象。许多国家的国旗和硬币上都印有老鹰的形象并非毫无来由，这种气魄雄伟的鸟在空中盘旋，猎物无法逃脱它的利爪，它还象征着自由和力量。其他鹰形目鸟类，如鹰、隼、鹭和鸢，也会从高空捕猎老鼠、兔子、蛇和其他鸟类。

老鹰的眼睛上有什么？

如果老鹰能够阅读，它们从 100 米外就能够看到这段文字！在 3000 米的高空也能看见地上的老鼠。老鹰视力这么好，主要是因为它们眼睛晶状体和视网膜之间的距离比人类大。因此，在眼睛中生成的图像更大——类似于投影仪原理，离墙越远，投射的图片越大。另外，老鹰的眼睛比我们拥有更多的光敏细胞，它们紧密聚集在中央凹中。因此，老鹰可以锁定猎物，然后急速俯冲向它们。

懒惰的肉食禽类？

你经常可以看到鹭停栖在高速公路边，捕捉经过的动物。因为它们是食肉动物，所以非常注重节省能量。秃鹫也是肉食禽类，专门吃已经死去的动物。作为食腐动物，它们有着重要作用，特别是在腐肉易引发疾病的炎热地区。

利用热气流上升

肉食禽类不仅可以通过滑翔来节省力量，甚至可以做到不振翅就升空。例如，风遇到陡峭的悬崖或山壁时会向上攀升，肉食禽类就利用其间产生的上升气流滑翔。不同热度的空气对流也会造成上升气流，于是展翅盘旋的肉食禽类也能借助热气流上升。

扭转头部

猫头鹰的颈椎骨数量是其他普通脊椎动物的两倍。因此它们能把头扭转270度——几乎能转一圈了！这种灵活性是必要的，因为猫头鹰的眼睛与颅骨紧密生长在一起。因此，如果猫头鹰想改变视线方向，必须转动整个头部。在两只眼睛视野重叠的地方，能形成同一画面的不同视角（图中偏深蓝色所标注的位置）。这使得猫头鹰具有非常好的空间视觉，并且能准确估计距离和速度。

雕鸮是世界上最大的猫头鹰，它的"耳羽"很特别。耳羽对它的听力没有帮助，但是能向其他同类传达它的心情。

夜晚的无声猎人

猫头鹰与鹰形目有着相同的生态位——只是它们在夜间狩猎。因为它们白天睡觉，所以我们通常只能看到其在夜晚留下的痕迹：猫头鹰大口吞食它们的猎物，然后吐出由毛发、羽毛和骨头组成的不能消化的食丸。

大眼睛、大耳朵

猫头鹰的生理结构完美地适应了它们的生活方式。它的大眼睛有许多感光细胞，微弱的月光就足以让它看清老鼠。由于听力很好，即使在完全黑暗的环境中，也可以狩猎。猫头鹰的耳孔不在同一高度，所以声音不会同时到达双耳，而是交错到达。因此，猫头鹰不仅可以看清方位，而且可以听清位置！它面部的羽毛也会放大声音——环形的硬羽毛会像卫星天线一样接受声波。

轻声振翅

生活在森林中的猫头鹰通常伏击树枝上的猎物，而生活在开阔之处的猫头鹰则在田野和草地上低空漫游。在潜伏飞行中，绝对不能发出声音，因为它们的猎物也在夜间活动，对声音很敏感。猫头鹰飞羽的锯齿状边缘会产生许多小的空气旋涡，所以振翅时是悄无声息的。

与其他鸟类不同，猫头鹰雏鸟按照下蛋的顺序孵化。年龄最小的和最大的可相差3周。如果食物供应不足，则只喂养年龄最大的雏鸟。

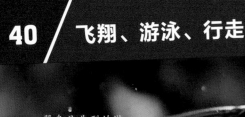

翠鸟是典型的潜水鸟。它们静栖在枝丫上等候鱼群，然后收起翅膀，利用自由落体的力量和速度，俯冲向水面。

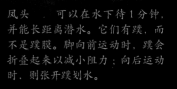

凤头　　可以在水下待1分钟，并能长距离潜水。它们有蹼，而不是蹼膜。脚向前运动时，蹼会折叠起来以减小阻力；向后运动时，则张开蹼划水。

潜入水中了！
水中的鸟类

水禽和海鸟有盐腺，可以排出海水中的盐分。鸭子的这个腺体位于眼睛上方；鹱形目则用喙上的一根管子来排出盐分，这就是它们被称为管鼻目的原因。

雄性绿头鸭并非一年四季都是彩色的。在夏末繁殖季后，它们换下礼服，羽毛变成棕色，只有黄色的喙能将它们与雌鸭区别开来。

会游泳的鸟类是真正的专家，它们长而宽的身体就像船一样躺在水面上。脚在身体最后方，所以鸭子和其他水鸟在陆地走路总是摇摇晃晃的。但在水中时，脚是后驱动，脚趾通过蹼膜连在一起，就像桨一样。

脑袋伸进水里

如果你只看见翘起的鸭子尾巴，那么它一定正在翻找水面下的食物。鸭子把头伸进水里觅食，它们会用宽宽的喙捡起水和泥。因为嘴巴边缘有薄片，当鸭子闭着嘴巴再次排出水时，植物、小虫或小螃蟹就会挂在薄片上，就像滤

天鹅的脖子很长，可以在深水中寻找植物。在它们喙的上方有许多触觉感应细胞。

→ 创造纪录

535 米

是帝企鹅的潜水深度极限。如何在这么深的水中调节压力，对于科学家来说仍是个未解之谜。

企鹅利用翅膀潜水——仿佛能在水下飞行。它们将上臂和下臂伸直，像蹼一样摆动前进。由于不需要飞行，企鹅的骨头不是空心的，但密度比水小一点，因此它们既可以在水面上游泳，也可以毫不费力地潜水。

网一样。潜水鸭和骨顶鸡不仅把头伸进水中，还能全身潜入水中觅食，有些鸟类还能头朝下跃入水中。

和鱼类一起迁徙

在水边生活的鸟类中，有些专门以水生植物为食，也有些吃鱼，并进行捕猎，有时候还会和猎物一起迁徙。鹈鹕会把四处游散的鱼群赶到一起。有人观察到，鸬鹚把鱼围成环形，然后进行袭击。

你经常能看到鸬鹚坐在树上或桩上伸展着翅膀。它们必须保持羽毛干燥，因为羽毛是透水的，所以潜水时几乎没有阻力。鸬鹚可以潜至水下 10 米，有些鸟类甚至可以下潜 50 米。

澳洲鸵鸟生活在澳大利亚的内陆沙漠地区。在南半球的各大洲都生活着走禽，它们以相似的方式适应了草原生活。

这里有动静！

也许你会认为，像鸵鸟这种不会飞的走禽从未学过飞行。恰恰相反，它们只是忘记了，因为飞行对于它的生活环境和生活方式来说没有什么用处。许多鸟非常擅长行走，它们不仅比人类走得快，甚至还超越了其他一些飞翔的鸟类。

为什么走禽如此之快？

步子越大，频率越快，鸟就走得越快。非洲鸵鸟通过其极长的腿和臀部肌肉做到了——类似于节拍器，当重量越靠近摆杆接头时，节拍器摆动得越快。人类的膝关节非常灵活，前进时需要大量的肌肉力量，才能保持直行。和人类不同，鸵鸟关节侧面的短韧带能使它们保持在直道上，其所有的肌肉力量都可以用于前进。顶级运动员需要两个小时才能跑完的马拉松，鸵鸟只需 40 分钟即可完成！由于特殊的生理结构，它们不仅速度快，而且耐力久。这两者对于其生存都至关重要：在辽阔的大草原上，鸵鸟因此可以长途跋涉，到达新鲜的草地或躲避掠食者的捕猎。如果没有成功躲避掠食者，成年鸵鸟也能够一脚踢死一只狮子！

不可思议！

谁如此调皮？在德国的梅克伦堡 - 前波美拉尼亚州，你可以在野外见到鹈。这个身高 1.7 米的动物居然可以生活在南美洲的彭巴草原，就像鸵鸟一样，之后它们被带去德国繁殖。然而，在 2000 年，三只雄鸟和四只雌鸟莫名不见了。在此期间有一百多只鹈在不同的牧群中奔跑！因为这里没有这种巨鸟的天敌。

展示一下你们的脚！

鸟类与人类有一个共同点：都有两条腿。但人类是跖行性哺乳动物，也就是整只脚着地，而鸟类只有脚趾着地。从下图中，可以知道鸵鸟和人类哪些关节是对应的（红色），以及有哪些对应的功能（绿色）。鸵鸟的跗跖骨比人类的跗跖骨长得多，其功能相当于人类的小腿胫骨。它们的膝盖隐藏在羽毛下。

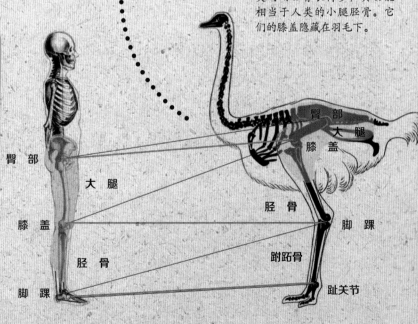

臀部　　　　　　　　　臀部
大腿　　　　　　　　　大腿
　　　　　　　　　　　膝盖
膝盖
胫骨　　　　　　　　　胫骨
　　　　　　　　　　　脚踝
脚踝　　　　　　　　　跗跖骨
　　　　　　　　　　　趾关节

许多走禽的脚趾从 4 个减少到了 3 个。身高 2.5 米的鸵鸟甚至只靠脚尖和两个脚趾就可以行走！它们的大脚趾像减震器，小脚趾负责保持平衡，爪子还能紧紧抓住地面。

当有人想要逃避现实时，我们会说，他像鸵鸟一样把头伸进沙里。因为草原的高温，当鸵鸟吃草或躺在地上伪装时，沙土色的脑袋有时会与地面融为一体。

→ 你知道吗？

恐鸟曾经是世界上最大的走禽，它们生活在新西兰，除了某些种类的蝙蝠以外，那里没有其他哺乳动物。许多在地面上行走的鸟类原本安定地生活着，直到欧洲人来到这片土地，并且带来了野猪和狐狸。这些新到的掠食者对恐鸟来说是致命的。在新西兰，许多不能飞的鸟类，包括几维鸟和长相类似鹦鹉的鸮鹦鹉，都已经灭绝或极度濒危。

鸟是人类的好帮手！

受欢迎的宠物：目前，笼养动物主要是鹦鹉和斑胸草雀。

大约在 8000 年前，人类第一次驯养了母鸡。从那以后，人类又饲养了无数的新品种。和现在一样，当时的人们主要为了获取鸡蛋、鸡肉和羽毛。在德国，鸡占据了家禽的大部分，每年大约有 7 亿只鸡被屠宰。在亚洲，鸭子也是很重要的家禽，而欧洲几乎不养殖鸭子。

传送带上的鸡蛋

德国人均每年至少消耗 200 个的鸡蛋，这其中不仅包括早餐食用的鸡蛋，还包括在面条、饼干和其他产品中使用的鸡蛋。你能想象生产这么多鸡蛋需要多少只母鸡吗？一只饲养的蛋鸡几乎每天都能下一个蛋，一年大约能下 300 只鸡蛋。为了供给德国 8000 万人口，人们大约需要 5000 万只母鸡！这还只是蛋鸡，不包括我们吃的烤鸡和养殖小鸡……由于数量如此庞大，不难想象，工厂养殖的鸡生活空间窄小，每只鸡的占地面积甚至小于一张 A4 纸。如果给每只鸡 4 平方米的空间，那么整个占地面积差不多和德国城市不莱梅（约 326.73 平方千米）一样大了！要想解决这个问题，只能是少吃鸡蛋和鸡肉了。

所谓的田园风光是骗人的：德国的大部分鸡都被饲养在大棚中。

邮递员

鸽子在几百千米以外也能找到自己的窝。埃及人在 2000 多年前就已经开始利用鸽子的这种能力传递消息。在两次世界大战中，信鸽也被作为信使担以重任。

救命恩人

燕雀和金丝雀对矿工来说是宝贵的帮手。井下会产生致命的一氧化碳，它们无色无味，既看不到，也闻不到。这些小鸟会在隧道里发出警报，因为它们一旦闻到一氧化碳，几分钟内就会摔下杆子死去。这给矿工们留下了逃往安全之处的救命时间。

和鸟一起打猎

除了作为食物以外，鸟类还有别的用处——它们能帮助人们打猎！鹰、隼等肉食禽类可以作为猎鹰：当它们捕获到动物时，猎人跑过去取下猎物，用另一种食物作为交换。在阿拉伯和蒙古，广阔沙漠中的动物非常稀少，靠鸟狩猎让人们得以生存。而在德国的城市中，放鹰捕猎又重新出现了，人们可以利用它们捕捉兔子、海鸥和鸽子，但不能用步枪进行猎杀。

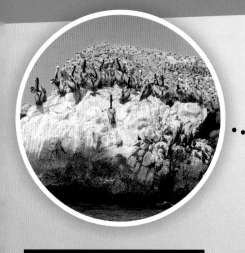

➡ 你知道吗？

甚至是鸟粪，对人类来说也是有用的！特别是鹈鹕、鸬鹚和鲣鸟的排泄物。因为它们主要吃鱼，排泄物中含有大量的氮和磷，印加人把它们当作天然肥料。19世纪，人们从南美洲海岸的繁殖岩石中收集了大量的海鸟粪便。由于拾粪者吃鸟和它们的蛋，并且不断对巢穴产生干扰，原本巨大的繁殖地很快就遭遇了危机。在人造肥料发明后，人们有了足够的肥料，对鸟粪的需求才逐渐减少。

柬埔寨的渔民在钓鱼——他们把鸬鹚放入水中捕鱼，脖子上的环可以防止鸬鹚吞食猎物。

在蒙古，"携鹰猎人"坐在马背上。负责狩猎的大多是雌性金雕，因为它们体型够大，甚至可以杀死狼。

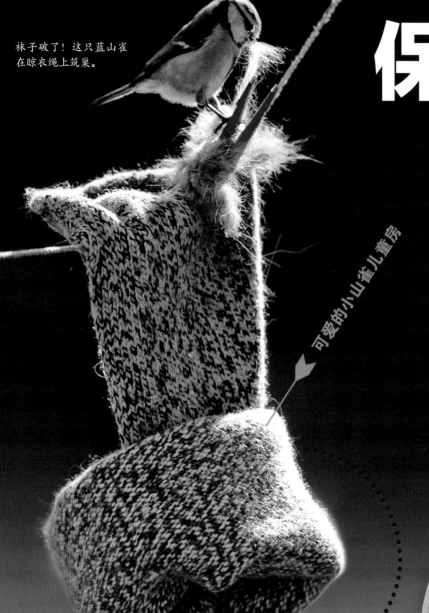

袜子破了！这只蓝山雀在晾衣绳上筑巢。

可爱的小山雀儿童房

保护鸟类

欧歌鸫已经飞了几百千米，从非洲来到了欧洲。突然它的翅膀和爪子被网缠住了，于是旅程不幸地倏然结束。成千上万的候鸟都经历过这种遭遇，特别是在北非和南欧，大量鸟类被专业的猎鸟人捕获了。仅在埃及，捕鸟装置就有 700 千米长！猎人主要捕捉鹌鹑和鸽子，但也有红背伯劳、黄鹂鸟和夜莺。捕获鸟类的原因多种多样：在贫困地区，鸣禽一直是人们为了填饱肚子的应急食物。如今，它们甚至被许多地方的人视为美味佳肴。

你能做什么呢？

在德国，路上几乎没有捕鸟器。尽管如此，依然有人在伤害某些鸟类。因此一次又一次出

自然保护者从人类设置的捕鸟网中解救了一只大山雀。特别是在南欧，鸣禽被认为是美味佳肴。

适应环境的艺术家

有些鸟类可以完全适应人类生活的环境和被人类改变的空间。银鸥可以在垃圾填埋场觅食；鹳和燕子则与人类紧密联系在一起，如果没有了人类的房子，它们很难找到筑巢之所。这些动物可称得上是"喜欢在人类居住地生存的动物"。乌鸫在中世纪时期仍是害羞的森林居民，后来城墙倒塌，农村和城市之间出现了平缓过渡期，它们才越来越接近人类。

单一种植的玉米越多，失去的栖息地就越多：湿草甸变得干燥，灌木丛逐渐消失，田野既不提供藏身之地，也无法供给食物。生存受到影响的主要有百灵和扇尾沙锥等在草地繁殖的鸟，还有鹤等。

致命的陷阱

　　风车和电力塔对于鸟类来说都是无法预测的潜在威胁。一些动物因为风车的转子死亡，而这难以避免。如果风力发电厂没有建在候鸟的飞行路线上，就可以避免大规模的死亡事故。电力塔也必须确保大鸟可以安全地停栖在上面。不幸的是，许多电力公司不遵守这一义务。特别是鹤、猫头鹰和鹰，在飞行时，如果同时触碰到桅杆和电线，就会遭受致命的电击。

现肉食禽中毒的情况。可能是一些农民设置了毒饵，以确保自家饲养的鸡不被它们掠食。鸬鹚也会被猎杀，因为渔民认为它们会跟自己抢食鱼类。德国自然保护联盟（NABU）和其他一些环保组织正在努力宣传，以保护濒危物种。如果你想参与，可以在互联网上搜索一下，看看你家附近有哪些活跃的团体和协会。

鸟类需要空间

　　一般来说，保护和维护不同群落生境及地貌空间有利于鸟类的生存。每种鸟类所需要的筑巢和觅食条件都不同。如今，尤其是草原和湿地的鸟类面临着生存危险，因为农业越来

工业化：人们使用大型机器耕种田地，在广阔的地区种植单一类型的谷物。由于害虫迅速传播，于是施用农药除虫，同时也杀死了可供鸟类食用的昆虫。你可以说服你的父母，在自家花园中种植本地灌木，并且不要使用农药，为鸟类提供良好的生存空间。灌木也能为鸟类提供额外的庇护。

不幸的是，猫是猎鸟好手，幼鸽尤其容易成为受害者。给你的猫咪系上铃铛来提醒鸟类吧！

➜ 你知道吗？

　　在以前，人们还会用胶水来捕猎鸟类。他们在长棍子涂上胶水，然后插在地上。鸟儿的翅膀会被粘在胶棒上，于是困在了人类的陷阱里。另外，在德国，"鸟山"或"鸟牧场"这样的街道名称可以表明，人们曾在这里捕鸟。

小心，猫来了！

名词解释

在今天，濒临灭绝的鸟类经常被野放。人们使用全球定位系统监测这种沙漠秃鹰的行踪。

空气动力学：这个古希腊单词由"空气"和"力量"组成，指物体在气流中的作用方式。

始祖鸟：约1.5亿年前的原始鸟类。

求 偶：指鸟类选择配偶和交配时间的行为。

放鹰捕猎：人们狩猎时利用肉食禽类帮助捕获鸟类。

鸟尾脂腺：位于鸟类尾巴顶部的皮肤腺，它们用喙把分泌的油状液体涂抹在羽毛上。

驯 养：驯服野生动物，或是饲养习惯与人类交往的家畜。

绒 毛：鸟类的蓬松羽毛。

进 化：指通过基因突变（遗传改变）和选择（环境考验）解释物种的逐渐演化。

羽毛已丰：雏鸟离开巢，学会飞翔。

化 石：超过1万年的古生物遗体、遗物或遗迹。

家 禽：鸡、鹅和鸭等可食用动物。

食 丸：也叫残食。鹰、猫头鹰和其他一些鸟类，会再次吐出难以消化的食物残余物（猎物的骨头、羽毛和头发等）。食丸的成分能提供特定区域鸟类猎物的信息。

孵 蛋：鸟类把蛋置于自己翼下孵化幼鸟的行为。

类胡萝卜素：通过食物摄入的色素（如果雏鸟吃了很多胡萝卜素，它们的皮肤会变黄）。

角蛋白：与我们的指甲相似的角质，也形成了鸟类的喙和羽毛。

覆 羽：鸟类体外可见的羽毛。

磷 虾：小型甲壳类动物。

磁罗盘：除了利用太阳和星星定位之外，候鸟还可以利用地球的磁场线定位。

换 羽：鸟类必须定期更新羽毛。新羽长出，旧羽脱落。换羽由其身体产生的激素控制，取决于天气和食物等因素。

黑色素：由身体产生的色素。例如，阳光的照射会使我们的肤色变黑。

单一种植：大面积种植单一的植物品种（如玉米、油菜花）。

农 药：农业上用于防治病虫害及调节植物生长的化学药剂，包括杀虫剂（灭虫）和除草剂（除杂草）。

印 记：这是一种在早期发育阶段学习和内化的行为，以至于看起来像是天生的。鸟类发生印记行为的时间由遗传决定的。

爬行动物：包括蛇、蜥蜴、鳄鱼等的爬行类，它们的发展历史与鸟类密切相关。

关键刺激：本能地遵循某种行为的触发器。雏鸟张开的喙的颜色刺激母鸟进行喂食。

留 鸟：在繁殖地过冬的鸟。

流线型：表面处气流没有明显分离的物体形状，因为空气阻力非常小，特别符合空气动力学特性。

候 鸟：冬天离开繁殖地的鸟。

内 容 提 要

　　《鸟类不简单》是一本知识详备的鸟类图鉴，书中介绍了鸟的种类、生活习性、典型特征，以及鸟的迁徙等。这本书将带领读者进入一个鸟的王国，探索鸟的生存奥秘。《德国少年儿童百科知识全书·珍藏版》是一套引进自德国的知名少儿科普读物，内容丰富、门类齐全，内容涉及自然、地理、动物、植物、天文、地质、科技、人文等多个学科领域。本书运用丰富而精美的图片、生动的实例和青少年能够理解的语言来解释复杂的科学现象，非常适合 7 岁以上的孩子阅读。全套图书系统地、全方位地介绍了各个门类的知识，书中体现出德国人严谨的逻辑思维方式，相信对拓宽孩子的知识视野将起到积极作用。

图书在版编目（CIP）数据

　　鸟类不简单 ／（德）雅丽珊德拉·韦德斯著 ； 张依妮译 . -- 北京 ： 航空工业出版社，2022.3（2023.8 重印）
　　（德国少年儿童百科知识全书·珍藏版）
　　ISBN 978-7-5165-2902-7

　　Ⅰ . ①鸟… Ⅱ . ①雅… ②张… Ⅲ . ①鸟类－少儿读物 Ⅳ . ① Q959.7-49

　　中国版本图书馆 CIP 数据核字（2022）第 021116 号

著作权合同登记号
图字 01-2021-6346

VöGEL Akrobaten der Lüfte
By Alexandra Werdes
© 2014 TESSLOFF VERLAG, Nuremberg, Germany, www.tessloff.com
© 2022 Dolphin Media, Ltd., Wuhan, P.R. China
for this edition in the simplified Chinese language
本书中文简体字版权经德国 Tessloff 出版社授予海豚传媒股份有限公司，由航空工业出版社独家出版发行。

鸟类不简单
Niaolei Bujiandan

航空工业出版社出版发行
（北京市朝阳区京顺路 5 号曙光大厦 C 座四层　100028）
发行部电话：010-85672663　010-85672683

鹤山雅图仕印刷有限公司印刷　　　　　全国各地新华书店经售
2022 年 3 月第 1 版　　　　　　　　　2023 年 8 月第 3 次印刷
开本：889×1194　1/16　　　　　　　字数：50 千字
印张：3.5　　　　　　　　　　　　　定价：35.00 元

船的故事
从帆木舟到远洋邮轮

飞机的秘密
人类飞行的梦想

火山探秘
来自地底的火焰

七大奇迹
上古时期的宝藏

汽车世界
精彩的汽车发展史

鲨鱼家族
海洋里的凶猛猎手

百变天气
阳光、风和暴雨

穿越大自然
探究与保护

鲸和海豚
海洋里的哺乳动物

恐龙王国
永远消失的地球霸主

矿物与岩石
闪闪发亮的宝藏

爬行与两栖动物
壁虎、林蛙和巨蜥

大自然的力量
难以估量的威力

改变世界的电
高电压与超导体

各种各样的鱼
水下的奇妙世界

猫的家族
拥有柔软爪的敏捷猎手

奇境森林
动物和植物的天堂

忠诚的狗
四只爪子的英雄

浩瀚宇宙
宇宙的秘密

狼的故事
走进凶狠猎食者的阴谋

蚂蚁和白蚁
了不起的建筑师

美丽的蝴蝶
色彩斑斓的自然精灵

蜜蜂和胡蜂
甜美的蜂蜜与可恶的螫针

潜水的魅力
潜入水下的迷人世界

古老的希腊文明
诸神、英雄和诗人

古罗马生活
古罗马的社会百态

欧洲风情
人口、国家和文化

骑士时代
城堡、比武和贵妇女性

舞动的音符
走进音乐的奇妙世界

古老的城堡
中世纪的见证

熊的秘密生活
棕熊、大熊猫、北极熊

化石档案
生命的痕迹

奇妙的昆虫
六条腿的生存艺术家

极地世界
生活在冰雪王国

神秘的蜘蛛
丝线上的猎手

大象王国
温柔的"巨人"

海底宝藏
沉没的宝藏

海洋之谜
海洋研究与保护

火星登陆
红色星球定居计划

忙碌的农场
动物、植物和农业机械

时尚魅影
时尚的古与今

全球气候
冰期和气候变化

2023 NEW
2023 NEW
2023 NEW
2023 NEW
2023 NEW
202 NEW